DEUTSCHE AKADEMIE DER WISSENSCHAFTEN ZU BERLIN

VORTRÄGE UND SCHRIFTEN

HEFT 25

GENUSS UND BETÄUBUNG DURCH CHEMISCHE MITTEL

Von Prof. Dr. Wolfgang Heubner

1948

AKADEMIE-VERLAG BERLIN

Erschienen im Akademie-Verlag GmbH., Berlin NW 7, Schiffbauerdamm 19
Veröffentlicht unter der Lizenznummer 156 der SMA in Deutschland
Gedruckt in der Buchdruckerei Oswald Schmidt GmbH., Leipzig M 118
Bestell- und Verlagsnummer 2003/25
Preis RM 2,—

GENUSS UND BETÄUBUNG DURCH CHEMISCHE MITTEL[1]

I

In unserer heutigen Sprache ist das Wort „Genuß" doppelten Sinnes: Wenn ich sage „nach Genuß eines Glases Milch fühlte ich mich wieder wohler; es war gerade kein Genuß, denn sie war angebrannt", so ist das erstemal die Aufnahme der Milch in meinen Körper ausgedrückt, das zweitemal aber eine positiv bewertete Empfindung. Sprechen wir aber vom Genuß durch etwas, so kann nur die zweite Bedeutung, d. h. die Erregung eines lustbetonten Affektes gemeint sein. Bekanntlich hat die Natur die Befriedigung vitaler Bedürfnisse mit Genußempfindungen verknüpft: Nicht nur Hunger und Durst und die geschlechtliche Spannung treiben uns dazu, sondern überdies beschenkt uns die Beseitigung des Hungers nach Nahrung oder nach dem anderen Geschlecht mit den köstlichsten Genüssen. An sich kann man einen akuten Hunger durch einen salzlosen Mehlbrei stillen, und einen heftigen Durst durch lauwarmes, abgestandenes Wasser; auch haben vielfache Versuche gelehrt, daß man Frauen oder weibliches Vieh künstlich befruchten kann. Selbst die männliche Geschlechtsfunktion und die Annäherung der Geschlechter könnte man sich als eine Folge des Triebes vorstellen ohne die ausgesprochene Genußempfindung während ihrer Vereinigung, zumal wenn man der wilden Gier der Kämpfer nach blutigen Schlachten gedenkt.

Das biologische Ziel ist offenbar kausal nicht durch den Genuß bedingt, vielmehr erscheint dieser grundsätzlich als etwas Akzessorisches. Sicherlich ist er nicht unwichtig im Plan der Natur:

[1] Öffentlicher Vortrag, veranstaltet von der Akademie der Wissenschaften zu Berlin am 12. Juni 1947.

vielleicht darf man seinen Sinn darin sehen, daß die Erinnerung an die erlebte Lust die Wiederholung der nährenden und fortpflanzenden Betätigung begünstigt, schon ehe die äußerste Not dazu zwingt.

In der Ausbildung differenzierter Geschmacksorgane auf der Zunge, Geruchsnerven in der Nase, taktiler Nervenapparate an den Genitalien und ihrer Verknüpfung mit Sekretionen tut sich der systematische und zweckmäßige Einbau der Genußempfindung in den Ablauf der lebensnotwendigen Funktionen kund.

In der Geschmacksqualität „Süß" könnte man eine Anpassung an die Zuckerarten erblicken, wenn nicht gegenüber der Geschmacksqualität „Bitter" eine analoge Deutung völlig versagte; denn es gibt viele giftige Pflanzen in der Natur, die gar nicht bitter schmecken, und viele bittere, die ganz harmlos sind und sehr geeignete Futtermittel wären. Die kulinarische Bedeutung bitterer Orangen, Mandeln oder Schnäpse reicht nicht aus, uns die Existenz des bitteren Geschmackes befriedigend zu deuten. Im wesentlichen wird ja das, was wir Wohlgeschmack nennen, durch den Geruchssinn vermittelt, der freilich wegen seiner Fernwirkung noch anderen Zwecken dient: Jeder Jäger kennt sowohl die Aufspürung der Beute für das Raubtier Hund wie die Warnung vor dem Feinde für das Wild; auch bei der Annäherung und Anziehung der Geschlechter spielt der Geruchssinn eine Rolle. Doch ist es vor allem die Nahrung, die ihn beschäftigt.

Jeder Hund beschnuppert erst den Bissen, den er verschlingen will. Und schon in der freien Natur bieten sich die Früchte, die uns nähren können, durch ihren Wohlgeschmack, das heißt ihren Duft an: Erdbeeren, Brombeeren oder in wärmeren Zonen Feigen, Bananen oder Ananas – all dies vor jeglichem Eingriff des Menschen zur Züchtung edler Obstsorten. Bei dieser ist der Geruchssinn Diktator, genau wie in der Küche. Hier kommen wir nun auf ein für unser Thema sehr wichtiges Gebiet: Die Erhöhung des Genusses durch willkürliche Veränderung des Naturgegebenen. Die Veredlung des Obstes ist keineswegs die einzige Methode, um schon das wachsende Lebewesen zur Ergötzung des menschlichen Gaumens umzuwandeln. Schon im alten Rom beschränkte man die Bewegung von Wachteln und Tauben zur Vermehrung ihres Fettansatzes und stopfte Gänse, um aus ihrer Leber Pasteten zu bereiten. Auch die scheußliche

Geschichte von Kaiser Domitian gehört hierher, der Sklaven in seine Fischteiche werfen ließ, um die Muränen zu mästen.

Wer Brillat-Savarin gelesen hat, kennt etwas von den Finessen der Geflügelfütterung, die Frankreichs Feinschmecker entwickelt hatten. In Riga wurde mir einmal ein köstlicher Braten vorgesetzt, dessen Herkunft ich nicht erkennen konnte; ich erfuhr, daß er von einem Schwein stammte, das seit seiner Ferkelzeit hauptsächlich mit Sahne gefüttert worden war.

Die eigentliche Kochkunst nun geht ja nicht nur darauf aus, durch höhere Temperatur die Genießbarkeit der Naturprodukte zu erhöhen, sondern auch den durch sie erzielten Genuß, also ihren Geschmack; diesem Zweck dient schon das Rösten und Braten; beim Backen wie bei vielen anderen Zubereitungen gesellt sich dazu das Mischen verschiedener Nahrungsmittel. Oft aber werden überdies Materialien zugefügt, die selbst keinen Nährwert, aber Geschmacks- oder Geruchsqualität besitzen, also Gewürze. Mit dem Salz fängt es an, und damit mag vielleicht die Tatsache zusammenhängen, daß die menschliche Haut gegenüber tierischer Haut einen auffallend hohen Gehalt an Natrium aufweist. Indische Gewürze wurden schon nach dem alten Ägypten verschifft, und es ist sehr verständlich, daß im Beginn des deutschen Überseehandels die reichen Kaufleute „Pfeffersäcke" hießen. Seitdem die Chemie gelernt hat, gar manche der Duftstoffe unserer Gewürze aus Kohle künstlich aufzubauen, sind diese zuzeiten weniger kostbar als die Nahrungsmittel selbst; daher konnte der geistvolle Schauspieler Aribert Wäscher kürzlich in einer Berliner Zeitung darüber plaudern, wie er sich ein herrliches Abendsouper aus verschiedenen künstlichen Aromaproben zusammengestellt habe, um schließlich in heiterer Laune sein Schlafzimmer zu betreten, wo er wiederum statt seiner Frau nur ihr Lieblingsparfüm vorgefunden habe. Wäschers amüsante Darstellung gibt ziemlich genau das Gegenstück zu dem, was uns gegenwärtig meist beschieden ist: er spricht von Genußwerten ohne reale Kost, während wir allzuoft pflichtmäßig etwas verzehren, was Kalorien enthalten mag, aber keinerlei Genuß bereitet.

An sich hat der Mensch, soweit er es vermag, durchaus die Neigung, auf dem Wege fortzuschreiten, den die Natur ihm vorgezeigt hat: wenn sie die nahrhaften Kohlehydrate der Erdbeere mit Duftstoffen imprägniert hat, so fügt er womöglich noch Zucker und Schlagsahne hinzu, und wenn das rohe Fleisch des Tartar-Beefsteaks ebenfalls seinen verlockenden Geruch mitbringt, so fügt er Pfeffer, Salz, Zwiebeln und Kapern oder gar ein rohes Ei hinzu. Erst recht versetzt er den geschmacklosen Reis mit Curry oder mit Zucker und Zimt, vielleicht sogar noch mit Arak.

Selbstverständlich ist grundsätzlich stets das gleiche im Spiel, wenn man etwa eine Hafergrütze anrichtet oder ein Brot bäckt oder Salzkartoffeln kocht. Aber wenn man sich wissenschaftlich über Fragen des Genusses klar werden will, muß man die markantesten Fälle ins Auge fassen.

Da zeigt sich nun weiter, daß der Genuß erhöht zu werden pflegt, wenn außer den chemischen Sinnesorganen Zunge und Nase auch noch andere angenehm beschäftigt werden. Wir wissen alle aus den Jahren, die noch nicht gar zu lange vergangen sind, daß ein schön gedeckter Tisch die Tafelfreuden erhöht, gutes Silber, geschliffene Gläser und edles Porzellan. Ja, auch die Farbe der Speisen selbst ist von Bedeutung: der Zusatz von Nitrit zum Pökelsalz erhält uns die rosige Farbe des Schinkens und des Kasseler Rippenspeers, der Zusatz von Kupfer die grüne Farbe der Erbsen- und Bohnenkonserven. Aus den blauen Trauben des Weins erzielt nur eine besondere Form des Kelterns das schöne Rot, das der Burgundertrinker liebevoll betrachtet. An meinem eigenen ärmlichen Tisch erlebte ich vor kurzem ein rotes Krautgericht und dazu die Erklärung meiner Frau: „Es ist Rotkraut und Weißkraut gemischt, aber ich habe Cochenille dazugegeben, das sieht hübscher aus.“ Und wenn wir uns festlicher Tafeln erinnern, mit Frauen in großer Toilette, bunten Blumen auf den Tischen, ihrem Duft schwebend im Raume und diskreter Musik aus dem Hintergrund, so konstatieren wir, daß die Kombination verschiedener Sinneseindrücke die Empfindung des Genusses zu steigern vermag.

Es bedarf kaum einer Andeutung, daß es beim Liebesgenuß nicht anders ist: Blumen, rosiges Licht, ein Spitzenhemd, ein Band im Haar, ein elegantes Parfüm oder Zigarettenduft, ein wenig Konfekt und vielleicht sogar ein Grammophon – dies alles weiß ein Paar echter Genießer zu würdigen.

Auch auf diesem Gebiete finden wir Vorbilder in der freien Natur: Die Musik der Singvögel, das Tanzen des Birkhahns und das farbenschimmernde Hochzeitskleid mancher Fische hat mit dem Fortpflanzungsgeschäft unmittelbar nichts zu tun. Wir dürfen immerhin nach unseren eigenen Erfahrungen darauf schließen, daß es sich um akzessorische Genußfaktoren handelt. Diese sind durchaus zu trennen von dem Gefühl der Sättigung oder des befriedigten Triebes. Sie schaffen vielmehr eine gehobene Stimmung, gewissermaßen eine gesteigerte Empfänglichkeit für alle genußvollen Eindrücke.

Es darf hier angemerkt werden, daß schon unter ganz einfachen Bedingungen eine verstärkte Erregung von Sinnesempfindungen bei Kombinationen festzustellen ist, z. B. bei gleichzeitiger Einwirkung von Süß und Salzig auf der Zunge oder von Berührung und Kälte auf der Haut. Es scheint sich also bei der Erhöhung der Stimmungslage durch Vervielfältigung angenehmer Sinnesempfindungen um ein allgemeineres physiologisches Gesetz zu handeln. Wo die verschiedenen Erregungen zusammenlaufen und auf das, was wir „Stimmung“ nennen, einwirken, ist nicht sicher zu sagen, doch dürfte nach allen Erfahrungen der Physiologie und Pathologie das Mittelhirn ganz wesentlich beteiligt sein.

II

Unter den bisher von mir genannten Mitteln des Genusses habe ich mit Vorbedacht eine Gruppe kaum berührt, die gewiß manch einer schon vermißt hat, nämlich die alkoholischen Getränke. Denn hier kommt zur Nahrungs- und Geschmacksqualität etwas Neues hinzu, die pharmakologische Wirkung. Auch sie hat mit dem Geschmack an sich gar nichts zu tun, wenn auch der reine Alkohol einen eigenen und nicht un ympathischen Geruch hat. Aber bekanntlich schmecken Schnaps,

Wein und Bier verschieden und ebenso ihre mannigfachen Sorten. Die Qualität, d. h. der Genußwert edler Weine oder Liköre hängt von chemisch (und pharmakologisch) andersartigen Beimengungen ab. Diese Genußwerte an der richtigen Stelle einzusetzen, gehört zu den Vorrechten erfahrener Lebenskünstler. Vielleicht kann man mit dieser Kunst sogar erfolgreiche Psychotherapie treiben; wenigstens hat mir einst ein alter Arzt aus dem weingesegneten Rheinhessen ernsthaft berichtet, wie wichtig es für seinen ärztlichen Erfolg gewesen sei, daß er jedem Kranken die für seinen Zustand geeignete Lage nebst Jahrgang verordnet habe. Dennoch ist die ganze Skala der Gaumengenüsse durch Alkoholika begrifflich den Gewürzen anzureihen: sie verschönen uns die Flüssigkeit Wasser und in dieser Beziehung ist kein Unterschied zwischen Pfefferminztee und Grog oder gar Himbeerlimonade und Himbeergeist.

Anders steht es mit diesem Geist, dem Spiritus, Äthanol. Das Urteil über seine allbekannten Wirkungen ist von Mohammed bis zum Prohibitionsgesetz der Vereinigten Staaten reichlich umstritten. Erklärlicherweise sind die Dichter allezeit Fürsprecher des Alkohols gewesen; legt doch selbst Goethe dem Mohammedaner Hatem die Worte in den Mund: „Der Trinkende, wie es auch immer sei, blickt Gott frischer ins Angesicht." Aber schon lange vor Mohammed hat ein Dichter die Problematik der Alkoholwirkung charakterisiert: In der Ilias findet sich eine Stelle, wo Hektor aus der Schlacht zur Burg zurückkehrt und ihm seine Mutter Hekabe Wein anbietet mit den Worten:

„Aber verzeuch, bis ich jetzo des süßen Weines dir bringe,
Daß du Zeus dem Vater zuvor und den anderen Göttern
Sprengest und dann auch selber des Labetrunks dich erfreuest,
Denn dem ermüdeten Mann ist der Wein ja kräftige Stärkung."
Ihr antwortete drauf der helmbuschumflatterte Hektor:
„Nicht des süßen Weins mir gebracht, ehrwürdige Mutter!
Daß Du mich nicht entnervst und des Muts und der Kraft ich vergesse."

Deutlicher kann es nicht sein, daß Mutter und Sohn verschiedener Meinung sind über die Wirkung des Alkohols. In der Tat ist diese auch zwiespältig: auf der einen Seite die Ermunterung und Belebung, die Gedanken, Worte und Unternehmungslust entfesselt, und auf der anderen Schlafsucht bis zur sinnlosen Betäubung. Dazwischen steht der Rausch, dem man von beidem etwas zuschreiben kann: Höchste Intensität der Produktion von Gedanken, Reden und Taten und gefährliche Betäubung der Aufmerksamkeit, der Selbstkritik, der Rücksicht auf andere. Es ist nicht ohne Interesse, daß es für diesen Zustand gewisse Analogien im physiologischen Geschehen gibt, wie den Liebesrausch, der nicht nur den Auerhahn in gefahrvolle Situationen bringt, oder den Rausch des schaffenden Künstlers, wie ihn der erste Akt von Pfitzners „Palestrina" so ergreifend schildert. Vielleicht ist es erlaubt, dies Beispiel zu nennen, wo doch die Worte „Stimmung", „Rausch" und „Betäubung" allesamt aus dem akustischen Bereich stammen.

Die Zwiefältigkeit der Alkoholwirkung stuft sich bekanntlich nach der Dosis ab: bei einunddemselben Individuum pflegen kleinere Mengen anregend, größere einschläfernd zu wirken, und an Tieren aller Art läßt sich die Regel bestätigen; allerdings ist die betäubende Wirkung mit größerer Sicherheit zu erzielen, während bei der erregenden individuelle Unterschiede viel stärker bemerkbar werden. Wer seine Mitmenschen sorgsam beobachtet, wird auch unter ihnen solche entdecken, die schon unter kleinen Dosen Alkohol eher schweigsamer und müde werden statt lebhafter. Aus Laboratoriumserfahrungen ist mir bekannt, daß bei Hunden verschiedener Rassen ähnliche Differenzen der Alkoholwirkung auftreten. Selbstverständlich spielen auch die augenblicklichen Umstände, unter denen sich das Individuum befindet, eine große Rolle bei der Art der Reaktion auf Alkohol. Die Frage seiner anregenden Wirkung ist wissenschaftlich nicht ganz einfach zu lösen, weil unmittelbar gesetzte Zustände erhöhter Erregung mit sogenannten Enthemmungserscheinungen, also der Ausschaltung übergeordneter Bremsfunktionen im Nervensystem, interferieren. Gerade beim richtigen Rauschzustand wird das recht deutlich. Es ist nun wissenschaftlich sehr interessant, so banal auch die Erfahrung sein mag, daß die verschiedenartigen, durch Alkohol herbeigeführten Zustände das eine gemeinsam haben, samt und sonders dem betroffenen Subjekt erfreulich zu erscheinen: Sowohl der geistvolle Causeur beim Glase Sekt wie der übermütig tobende Jüngling wie der still Dahindösende fühlen sich äußerst wohl, „euphorisch" nach dem medizinischen Kunstausdruck. Unnachahmlich trifft Wilhelm Busch den Ton für diese Geistesverfassung:

„Einen Menschen namens Meier
Schubst man aus des Hauses Tor,
Und man spricht, betrunken sei er;
Selber kam's ihm nicht so vor."

Zum Begriff der Euphorie gehört das Fehlen oder wenigstens die Zurückdrängung trüber Gedanken und lästiger Sorgen. Die gehobene Stimmung, wie sie durch die Gegenwart von Alkohol in gewissen Regionen des Zentralnervensystems unmittelbar erzeugt wird, ist heiter, wirklich „angeheitert" und als seelische Qualität durchaus derjenigen an die Seite zu stellen, die wir auf dem Umwege über angenehme Sinnesreize erfahren und durch deren Häufung zu steigern suchen. Man kann also diesen lustbetonten Zustand auch ohne angenehme Sinnesreize, z. B. durch Brennspiritus, erzielen. Stets aber bleibt bei einer unmittelbar im Zentralnervensystem angreifenden Substanz in Kauf zu nehmen, daß noch andere Funktionen desselben Einflüsse erleiden, die keineswegs erwünscht sind.

Dazu gehören ja nicht nur die akuten Zustände verminderten Verantwortungsgefühls, auch nicht nur die abnormen Reaktionen, die als „pathologischer Rausch" den Gerichten und medizinischen Sachverständigen zu schaffen machen, sondern vor allem die Folgen des anhaltenden übermäßigen Alkoholgenusses. Nicht nur körperliche Schäden, sondern auch geistige Umwandlungen stellen sich ein, die keineswegs alle schließlich in die Hand des Psychiaters kommen. Wann man von Alkoholismus oder Sucht sprechen soll, ist nicht immer festzulegen und daher ein wenig Geschmackssache, um so mehr, als zu den Dosen des Giftes die primäre persönliche Veranlagung in Beziehung steht. Ich persönlich ziehe es vor, das Wort Sucht in Anlehnung an seine Herkunft von Seuche nur dann zu benutzen, wenn durch die regelmäßige Aufnahme krankhafte Veränderungen hervorgerufen worden sind, während die Psychiater den Typus des Süchtigen gern als eine Abart des Menschen ansehen, der mehr oder weniger zufällig an das eine oder andere Gewöhnungsgift oder auch nach- oder nebeneinander an mehrere gerät. Trotzdem suchen überall die Staaten die Suchtgefahr dadurch zu vermindern, daß sie die Zugänglichkeit der Suchtmittel erschweren, nicht durch Absperrung der Gefährdeten. Für die Bekämpfung der Suchten sprechen wirtschaftliche Gründe wohl oft noch mehr als medizinische, denn die Kranken pflegen ihre Existenz und die ihrer Familien zu zerrütten und fallen der öffentlichen Fürsorge zur Last.

III

In dieser Hinsicht hat das Opium und was mit ihm zusammenhängt, eine besondere Bedeutung erlangt. Die Menge dieses Produktes, das in mühseliger Arbeit aus den Kapseln des Mohnes gewonnen wird, beträgt nach vorsichtigen Schätzungen das 10fache, nach anderen das 30fache dessen, was auf der ganzen Erde für arzneiliche Zwecke gebraucht wird. Bei weitem die Hauptmasse dient den gesunden Menschen zum Genuß, wobei allerdings nicht alle gesund bleiben.

Wer Opium kennt, wird zugeben müssen, daß sein Geschmack nicht dazu angetan ist, einen besonderen Genuß für die Sinnesorgane zu bieten; es wird ja gegessen oder geraucht nur um des Effektes willen, den seine wirksamen Alkaloide, vor allem Morphin, im Zentralnervensystem ausüben. Aber es ist bemerkenswert, daß auch hier wieder uns die Neigung des Menschen begegnet, angenehme Eindrücke anderer Art damit zu verbinden; die Opiumpfeifen und die dazugehörigen Bestecke sind für wohlhabende Chinesen Objekte feiner kunstgewerblicher Arbeit. Das Rauchen erfolgt keineswegs nur in Lasterhöhlen oder Matrosenkneipen, sondern in allen Gesellschaftsschichten und gerade auch bei gesellschaftlichen Zusammenkünften; es spielt oft kaum eine andere Rolle als bei uns ein Glas Wein, das man in früheren Zeiten mit einem Gaste zu leeren pflegte. Der Sitte wird nachgerühmt, daß der Opiumrausch den Geist beschwinge, insonderheit die Phantasie beflügle und daher der geselligen Unterhaltung sehr förderlich sei. Nicht zu Unrecht scheint der Name des Morphins vom Gott der Träume, Morpheus, abgeleitet zu sein. Zum Träumen gehört nicht immer Schlaf, wenn auch das Morphin ein echtes Narkotikum ist, also in entsprechenden Dosen den Schlaf begünstigt, wie der Alkohol. Die individuellen Unterschiede der Empfänglichkeit für die eine oder die andere Seite der Wirkung dürfte auch beim Morphin und Opium hervortreten.

Die für den Kranken so wohltätige Eigenschaft des Morphins, den Schmerz zu betäuben, kommt beim Opiumgenuß kaum in Frage, denn die Menschen, die ihm huldigen, haben im allgemeinen gar keine Schmerzen. Offenbar geben sich zahlreiche Personen nur gelegentlich oder regelmäßig sehr maßvoll dem Opiumgenuß hin und verfallen in keiner Weise den Erscheinungen der Sucht. Dabei ist natürlich auch des gesetzlichen Verbotes und der mehr oder weniger scharfen Staatskontrolle zu gedenken, die sich allmählich mit wechselndem Erfolg geltend macht. Ohne solche Schranken gibt es allerdings leicht eine für das soziale Leben gefährlich hohe Zahl von Opiumsüchtigen, wie bittere historische Erfahrungen in Ostasien gezeigt haben. Dies hängt mit einer besonderen Eigentümlichkeit des Trägers der Opiumwirkung, des Morphins, zusammen, nämlich einen Gewöhnungszustand herbeizuführen, der weit über alle ähnlichen Angewöhnungen hinausgeht: das Morphin erwirbt im Laufe der

Zeit den Charakter eines Vitamins, d. h. der normale Ablauf der Funktionen und das Gefühl der Gesundheit wird von der regelmäßigen Morphinzufuhr abhängig; die sogenannten Abstinenzerscheinungen haben den Charakter einer akuten Erkrankung. Sogar an isolierten, im Glase kultivierten Zellen des Hühnerembryos läßt sich diese Gewöhnung demonstrieren, d. h. ein normales Wachstum mit Morphin, ein schlechtes ohne Morphin. Es ist sehr natürlich, daß in diesem Zustand der Gewöhnung das Individuum unrettbar an das Morphin oder Opium gebunden ist. Dadurch wird der Opiumgenuß zu einer ernsten wirtschaftlichen Frage. Dazu kommt aber als ein zweiter verhängnisvoller Faktor, daß die Wirkungen des Morphins sich mit der Zeit abstumpfen, so daß die Neigung zur Erhöhung der Dosen sich oft stärker bemerkbar macht als bei anderen Genußgiften – wenn auch wohl mit großen individuellen Variationen. Mit dieser Entwicklung verliert dann das Morphin seine wohltätigen Wirkungen und zerrüttet allmählich Leib und Seele. Es ist bekannt, daß außer dem Opium in zunehmendem Maße auch Reinalkaloide zu Genußzwecken verwendet werden. Das Morphin wird dabei mehr und mehr durch ein künstlich daraus bereitetes Derivat, das Heroin, verdrängt, das die Annehmlichkeit besitzt, von der Nasenschleimhaut rasch resorbiert zu werden. Die Wirkung tritt also schnell ein, und man braucht keine Spritze dazu. Für den arzneilichen Gebrauch kommt Heroin kaum mehr in Betracht. Dennoch haben sich in Europa und Ostasien die Fabrikationsstätten für Heroin gewaltig vermehrt, vor allem weil es ein höchst lohnender Artikel ist; überdies standen die Japaner in Verdacht, durch Ausbreitung des Heroingenusses den Chinesen zu schaden, denn die Gesetzesvorschriften für Japan selbst und die Begünstigung der Fabrikation auf dem Festlande waren sonst kaum in Einklang zu bringen.

Die deutschen Ärzte wissen, daß nicht nur Morphin und Heroin, sondern auch andere Derivate des Morphins, wie Dilaudid, Dicodid, Eukodal zu Gewöhnungskrankheiten führen können. Sie bilden mit dem Morphinismus die Endstadien eines

Strebens nach Genußempfindungen, die nun wirklich ohne jede Spur angenehmer Sinneseindrücke hervorgebracht werden. Der Geschmack der Tabletten solcher Alkaloidsalze ist ausgesprochen bitter, und der Stich der Morphinspritze erzeugt auch gerade kein Lustgefühl. Unter den Morphinisten gibt es seltene Persönlichkeiten, die jahrzehntelang kaum einen Schaden an ihrer Gesundheit und Leistungsfähigkeit erkennen lassen; berühmte Ärzte und Künstler finden sich darunter. Aber die ganz überwältigende Erfahrung zeigt uns erhebliche Opfer an Gesundheit und wirtschaftlicher Kraft, die dem Morphin zur Last fallen. Sie werden auf der ganzen Welt von den staatlichen Behörden so schwer beurteilt, daß schon vor dem ersten Weltkrieg ein internationales Opiumabkommen vorbereitet und nach dem Kriege abgeschlossen wurde, das den Verkehr mit Opium und seinen Alkaloiden unter Kontrolle gestellt hat, wobei der Völkerbund sehr verdienstliche Arbeit geleistet hat. Allerdings haben diese Bestrebungen, genau wie das amerikanische Prohibitionsgesetz, ungeheure Gegenmaßnahmen von seiten der Interessenten hervorgerufen, und der Vertrieb von Schmuggelware mit Hilfe ganzer Motorbootflottillen, großen Depots auf kleinen unbewohnten Inseln geht ins Grandiose. Die Berichte der Spezialdetektive auf diesem Gebiete muten an wie Abenteuerromane, und ebenso abenteuerlich sind die umgesetzten Geldbeträge. Auch dieser „Schwarze Markt" allergrößten Stiles kann belegen, wie seine letzten Triebkräfte denen ähneln, die nach ausreichender und wohlschmeckender Kost verlangen.

Grundsätzlich analoge Erscheinungen wie beim Morphinismus, Eukodalismus usw. werden übrigens auch bei Substanzen beobachtet, die rein synthetisch gewonnen werden, dem Dolantin und verschiedenen Schlafmitteln, z. B. Veronal oder Phanodorm. Hier ist von einer anregenden Wirkung schon nicht mehr die Rede, der Einfluß auf die Stimmung liegt also primär ganz in der Richtung des selbstzufriedenen Dösens. Der dauernde Gebrauch erzeugt ebenfalls Erkrankungen, so daß ihm die Gesetzgebung Schranken gezogen hat. Immerhin spielen diese Mittel quantitativ nur eine bescheidene Rolle. Demgegenüber darf man die Verbraucher an Opium auf Hunderte von Millionen schätzen.

IV

Kaum weniger sind es, die Haschisch verwenden, für das es übrigens in den verschiedenen Sprachen des Orients noch verschiedene andere Benennungen gibt. Auch ist die Zubereitung dieses Genußmittels nicht einheitlich, doch entstammt es immer den weiblichen Exemplaren des im heißen Klima gewachsenen Hanfes während der Blütezeit oder ihren Samenständen. Als ihr wirksames Prinzip gilt eine stickstofffreie Substanz „Cannabinol". Genossen wird es in konfektähnlicher Form oder in Getränken oder als Rauch, und zwar seit uralten Zeiten. Herodot berichtet von der Sitte der Skythen, den Rauch erhitzten Hanfes einzuatmen, und wahrscheinlich war auch das Mittel „Nepenthes", von dem die Odyssee berichtet, aus Hanf bereitet. Seine Wirkungen waren offenbar stärker als die des Weines. Helena verwandte es, um eine trübe Stimmung ihres Gatten Menelaos zu verscheuchen:

„Siehe, sie warf in den Wein, wovon sie tranken, ein Mittel
Gegen Kummer und Groll und aller Leiden Gedächtnis.
Kostet einer des Weines, mit dieser Würze gemischet,
Dann benetzet den Tag ihm keine Träne die Wangen,
Wär' ihm auch sein Vater und seine Mutter gestorben,
Würde vor ihm sein Bruder und sein geliebtester Sohn auch
Mit dem Schwerte getötet, daß seine Augen es sähen.
Siehe, so heilsam war die künstlich bereitete Würze,
Welche Helenen einst die Gemahlin Thons, Polydamna,
In Ägypten geschenkt. Dort bringt die fruchtbare Erde
Mancherlei Säfte hervor, zu guter und schädlicher Mischung."

Ägypten ist auch heute noch ein großer Verbraucher von Haschisch. Aber auch in der Neuen Welt hat es Eingang gefunden, obwohl es ursprünglich dort nicht heimisch war. In Mexiko wird der sogenannte indische Hanf angebaut und genossen; bezeichnet wird er mit Mädchennamen: Rosa-Maria, Doña Juanita, am häufigsten Marihuana.

Die gesuchten Wirkungen des Haschischs sind Rauschzustände, in denen offenbar die Sinneseindrücke in phantastischer Weise verknüpft und erweitert werden, so daß man von Wachträumen reden kann. Bei Jugendlichen handelt es sich natürlich oft um Erweckung und Intensivierung erotischer Wünsche. Wie beim Alkohol zeigen sich bei vielen Personen Aufregungszustände, die in Sprache, Bewegungen und Taten erkennbar, gelegentlich auch zu kriegerischen Zwecken ausgenutzt werden. Bei anderen dagegen tritt rasch ein Hindämmern und Neigung zu Schlaf auf, der gewöhnlich das Endstadium kennzeichnet. Die Stimmung ist meist lange Zeit gehoben, ja fröhlich, aber gelegentlich und im Ausklang der Wirkung kommen auch Depressionen vor. Ganz interessant ist es, wie nach einer persischen Anekdote der Orientale die Wirkung von Alkohol, Opium und Haschisch gegeneinander differenziert: „Drei Männer, von denen der eine unter der Wirkung von Alkohol, der zweite unter der von Opium und der dritte unter der von Haschisch stand, gelangten nachts vor die geschlossenen Tore einer Stadt. Der Alkoholtrinker schrie wütend: ‚Lasset uns die Tore niederbrechen, ich kann das mit meinem Schwert leicht erledigen.‘ ‚O nein‘, sagte der Opiumesser, ‚wir können hier draußen auch bequem bis zum Morgen ruhen und eintreten, wenn die Tore geöffnet sind.‘ Daraufhin sagte der Haschischesser: ‚Was ist dies für dummes Geschwätz, lasset uns durch das Schlüsselloch kriechen, wir können uns ja klein genug machen.‘ “

Wiederum aber gesellen sich auch beim Haschisch zu den erwünschten akuten Wirkungen die chronischen, die im Orient wie in Mexiko den Anlaß zu staatlichen Bekämpfungsversuchen gegen den Haschischgenuß geführt haben. Der regelmäßige Gebrauch bewirkt körperliche, aber auch seelische Veränderungen, vor allem im Gebiet der Affekte: Abnorme Reizbarkeit mit

Streitsucht und Neigung zu Tätlichkeiten, dabei Faulheit und Interesselosigkeit in Beruf und Familie, schließlich förmliche Geistesstörungen verschiedenen Charakters kennzeichnen die Haschischomanie.

V

Ein weiteres Genußmittel großer Verbreitung begegnet uns im fernen Orient, nämlich der Betel. Von Indien bis zu den Philippinen schätzt man etwa 100 Millionen, die sich diesem Genuß hingeben. Da für das Betelkauen das frische Blatt des holzigen Schlinggewächses Piper Betel unerläßlich ist, beschränkt sich verständlicherweise der Gebrauch auf diejenigen Regionen der Erde, wo dies Gewächs in reichlicher Menge vorkommt, eben Ostindien. Offenbar hat das Blatt einen angenehmen Geschmack, sicherlich wirkt es reizend wie Pfeffer. Interessanterweise wird es aber regelmäßig gemeinsam mit der Frucht einer zweiten Pflanze, nämlich der Arekapalme (Areca catechu), genossen, also der Areka- oder Betelnuß. Drittens aber ist unentbehrlich ein wenig gelöschter Kalk, wie er z. B. durch Brennen von Korallen oder Muscheln gewonnen wird. Ein Stück der Arekanuß mit etwas Kalk in ein Betelblatt gewickelt bildet erst das Betelpriemchen, das zwischen die Zähne geschoben und langsam gekaut wird. Vielfach sind noch andere Zusätze im Gebrauch, aber offenbar nur für Variationen des Geschmacks von Bedeutung. Als die eigentlichen Wirkungen des Betelkauens kann man drei verschiedene bezeichnen: Erstens die bereits erwähnte Reizung der sensiblen Nerven der Mundschleimhaut und der Zunge und infolgedessen vermehrter Speichelfluß. Zweitens eine Rotfärbung des Speichels, der Mundschleimhaut und der Lippen durch Oxydation einer zunächst farblosen phenolartigen Substanz aus der Arekanuß, die bei der durch den Kalk herbeigeführten alkalischen Reaktion prompt eintritt. Die Folge dieser beiden Wirkungen ist ein reichliches Ausspucken einer rotbraunen Flüssigkeit. Vielleicht liegt in dieser roten Färbung ein akzessorischer Genußfaktor. Daß das Spucken an und für sich genußvoll sein kann, lehren uns die Belustigungen der Knaben in den Flegeljahren und gelegentlich auch älterer Flegel.

Der Genußwert von Speichelfluß und Kauen an sich, wie er am klarsten durch das Millionengeschäft mit amerikanischem Kaugummi erwiesen wird, ist ohne Zweifel auf die Bedeutung dieser Funktionen bei der Nahrungsaufnahme und die mit ihr verknüpften Genüsse zurückzuführen. Es handelt sich also um eine Art „bedingten Reflexes" im Sinne von Pawlow, insofern durch eine Art nervöser Erregungen auch andere hervorgerufen werden, die zeitlich mit ihnen in der Regel verknüpft sind oder in langer Übung verknüpft wurden. Aus dieser Eigenart des Nervensystems leiten sich noch manche sonstigen Erscheinungen auf dem Gebiete der Genußmittel ab, z. B. auch die bei älteren Betelkauern beobachtete, daß bei Mißwachs des Betelpfeffers auch Blätter anderer Pflanzen mit abweichendem Geschmack zur Herstellung des Betelbissens verwendet werden.

Jedoch beschränkt sich die Wirkung des Betelkauens keineswegs auf die lokalen Effekte, vielmehr wirkt es wie alle echten Genußmittel auch unmittelbar auf das Zentralnervensystem, insonderheit die Stimmung. Sie wird heiterer, Bewegung und Worte werden freier, Ausdruck und Farbe des Gesichtes werden lebhafter. „Betel ist der Schlüssel der Unterhaltung" lautet ein Sprichwort der Ammaniten[1]. Diese für den Genuß wohl wichtigste dritte Wirkung des Betelkauens ist den Alkaloiden der Arekanuß zuzuschreiben, vor allem dem Arecolin; dessen Extraktion aus der Frucht wird sicherlich durch den alkalischen Kalk befördert. Höhere Dosen Arecolin bewirken übrigens Schwindel, Kopfschmerzen und schließlich allgemeine Betäubung.

In summa zeigt sich uns also bei der Sitte des Betelkauens eine interessante Kombination mehrerer als genußreich empfundener Sensationen, die sogar künstlich miteinander verbunden werden: Geschmacks- und Reizempfindung, Kauen, Spucken,

[1] Vu ngoc Anh, La chique de Bétel en Indochine. Thèse de Paris 1928, S. 20.

Rotfärbung des Gespuckten und unmittelbare heitere Erregung – ein sehr deutliches Zeugnis für die früher erörterte Neigung des Menschen zur Kombination von Genüssen. In ostindischen Sagen entstammen Arekapalme und Betelstrauch aus einem verwandelten königlichen Paar, das noch im Tode vereinigt sein wollte.

Folgeerscheinungen des anhaltenden Betelkauens scheinen nur bezüglich der lokalen Wirkungen bekannt zu sein in Form von Schleimhaut- und Zahnfleischentzündungen, gefärbten Krusten auf den Zähnen, Neigung zu Lippen- und Zungenkrebs, aber nicht bezüglich der zentralnervösen Funktionen.

Nach dem früher Gesagten ist es selbstverständlich, daß die für die Aufbewahrung der Betelblätter, der Arekanüsse, des Kalkes und etwa sonstiger Ingredienzien gebrauchten Standgefäße, Dosen oder Beutel, ebenso aber auch die überall notwendigen Spucknäpfe Objekte künstlerischer Ausstattung sind.

VI

In Mexiko ist bei den Indios der Gebrauch mehrerer Berauschungsmittel üblich, die von dort einheimischen Pflanzen stammen. In einem Buche von Viktor Reko[1] werden außer Haschisch nicht weniger als acht verschiedene aufgeführt, von denen freilich sechs nur in engbegrenzten Bereichen bekannt sind. Das meist gebrauchte ist Peyotl, das Kakteenarten entstammt und mehrere Alkaloide enthält, von denen das Mezkalin mehrfach im Selbstversuch bei Menschen geprüft wurde, weil es eigentümliche halluzinatorische Erlebnisse bewirkt.

Ziemlich verbreitet ist auch der Gebrauch eines Getränkes Piule aus Ololiuquisamen, deren botanische Herkunft noch strittig zu sein scheint; das Kennzeichen des durch sie bewirkten Rausches ist eine hohe Suggestibilität, ja Hypnotisierbarkeit.

Im südlicheren Amerika ist es wieder eine andere Pflanze, die den eingeborenen Indios seit alten Zeiten zum Genusse dient,

[1] Magische Gifte, 2. Aufl., Ferdinand Enke, Stuttgart 1938.

nach ihrer Sage das Geschenk eines Gottes, der Kokastrauch. Er wurde schon lange vor der Entdeckung Amerikas in Plantagen gebaut, seine Blätter in trockenem Zustand, wiederum mit etwas Kalk oder Pflanzenasche, gekaut. Wir wissen heute, daß dabei das Alkaloid Kokain ausgezogen wird, dessen Wirkungen wir sehr genau kennen, da es ja in reiner Form auch in der übrigen Menschheit als Genußmittel Verbreitung gefunden hat; wegen seiner raschen Aufnahme von der Nasenschleimhaut aus wird es vornehmlich geschnupft. Die Kokakauer rühmen der Droge vor allem die Beseitigung lästiger Empfindungen nach, des Hungers und Durstes, der Ermüdung und des Kummers, wohl auch die Erregung einer gewissen seelischen Spannung; die Kokainschnupfer beachten im allgemeinen nur diese und steigern sie zu wahren Aufregungszuständen, vor allem auch sexueller Natur. Genauere Analyse zeigt zwei verschiedene Angriffspunkte des Alkaloids auf, die sich zu dem gewünschten Lusteffekte kombinieren: der eine sind die sensiblen Nerven, deren lokale Ausschaltung dem Kokain seine medizinische Bedeutung gibt, deren Empfindlichkeit aber auch bei allgemeiner Aufnahme des Kokains in den Blutkreislauf abgeschwächt wird; das zweite ist das Zentralnervensystem, in dem bei vorsichtiger Dosierung die Auslösung von Erregungszuständen erfolgt, die bei unvorsichtiger in schwere Lähmung übergehen können; die richtige Dosierung wird dem Genießer dadurch erleichtert, daß das Kokain relativ schnell im Körper zerstört wird und damit die Wirkung abklingt; so kommt es auch, daß viele Kokakauer den Tag über vielfach wiederholte Prisen zu sich nehmen.

Von Interesse ist die nicht seltene Kombination des Schnupfens von Heroin und Kokain zu gleicher Zeit. Ich hatte einmal Gelegenheit, vor Gericht einen Matrosen zu befragen, warum er immer die beiden Alkaloide zugleich nähme; er gab die klare und verständliche Antwort, daß man durch Heroin zwar ein gesteigertes Wohlbefinden erfahre, aber bald zu müde zur Arbeit werde, daß man aber durch Kokain „aufgekratzt" und daher wieder arbeitsfreudig werde.

Das Kauen der Koka bietet außer dieser Betätigung selbst keinen besonderen Genußwert, und erst recht fehlt ein solcher beim Schnupfen des Kokains. Ganz überwiegend wird also hier der Gebrauch des Genußmittels durch den zentral-nervösen Einfluß auf die Stimmung beherrscht.

Leider führt der unvorsichtige Gebrauch des Kokains auf die Dauer zu einer sehr gefährlichen chronischen Vergiftung. Vor allem sind geistige Veränderungen ziemlich häufig, selbst geistige Erkrankungen sozial bedenklicher Art; körperliche Verfallserscheinungen mögen oft erst dann die Folge sein. Es ist also berechtigt, das Kokain in gleicher Weise zu überwachen wie das Morphin und seine Verwandten, und so ist es denn auch dem Opiumgesetz unterstellt und zählt amtlich zu den Betäubungsmitteln, obwohl es wenigstens in seiner Anfangswirkung diesem Ausdruck nicht ganz entspricht, wie schon der Fall des erwähnten Matrosen belegen mag.

Noch deutlicher wird diese Diskrepanz bei Mitteln, die synthetisch dargestellt wurden und Namen wie Benzedrin oder Pervitin erhalten haben. Allerdings gibt es auch hier ein Analagon dafür in der Natur, nämlich in den Blättern des Kathstrauches, die höchstwahrscheinlich Benzedrin enthalten, mindestens aber ein Alkaloid, das ihm chemisch und pharmakologisch nahe verwandt ist. Die frischen Kathblätter werden in verschiedenen Landstrichen Arabiens, vor allem in Jemen zu Genußzwecken gekaut, gelegentlich auch zur Bereitung eines Getränkes verwendet. Die Wirkung besteht in Belebung, Aufheiterung und Vertreibung des Schlafes und ist nach allen Berichten völlig identisch mit derjenigen, die wir nach Verabreichung von Benzedrin oder Pervitin in den westlichen Kulturländern erleben. Ausführliche Untersuchungen mit Hilfe messender psychologischer Methoden haben gelehrt, daß für einen gewissen Zeitraum die geistige Leistungsfähigkeit nach Quantität und sogar Qualität erhöht werden kann. Freilich hat auch diese höchst erwünschte Wirkung ihre Kehrseite, insofern ein dauernder Gebrauch schwere Veränderungen im Sinne einer Sucht herbeiführen und weitgehende Zerrüttung des geistig-seelischen Zustandes zur Folge haben kann. Deshalb unterstehen auch diese Mittel den einschränkenden Bestimmungen des Opiumgesetzes, insonderheit der „Verordnung über das Verschreiben Betäubungsmittel enthaltender Arzneien", obwohl sie ebenfalls eine Betäubung im gewöhnlichem Wortsinne gar nicht herbeiführen. Übrigens gibt es offenbar auch unter den Kathkauern Personen, die durch den Gebrauch in abnorme seelische Zustände geraten.

VII

Sehr interessant sind nun die Beziehungen dieser Gruppe chemischer Mittel zu einem anderen, das über die ganze Erde verbreitet ist und auch für viele von uns im Brennpunkt des Interesses steht, dem Koffein. Es ist chemisch ganz verschieden, ohne eigentlichen Alkaloidcharakter, ist aber doch in seinen Wirkungen auf die bewußten seelischen Funktionen von Benzedrin oder Pervitin kaum zu unterscheiden: Belebung, Aufheiterung und Vertreibung des Schlafes kommen auch ihm zu. Es ist recht interessant, daß alle Pflanzen, in denen die Chemiker bisher Koffein aufgefunden haben, als menschliche Genußmittel dienen, nicht nur Kaffee, Tee und Mate, die die Hauptmasse der Bevölkerung in den zivilisierten Ländern aller Kontinente versorgen, sondern auch die Kolanuß bei den Negern in weiten Gebieten Mittelafrikas vom Sudan zum Kongo und bis Liberia, ferner die Pasta Guarana aus dem Strauch Paullinia sorbilis bei den Eingeborenen im Bereiche des Amazonas und die Ilex Cassine bei Indianern der Halbinsel Florida und benachbarter Landstriche. Es sind also sechs botanisch verschiedene Gewächse bekannt, von denen verschiedenartige Teile in ganz verschiedenen Gegenden der Erde unter ganz verschiedenen kulturellen Bedingungen meist in Form eines Getränkes genossen werden und als übereinstimmendes Merkmal nur ihren Gehalt an Koffein besitzen.

Ein klein wenig Koffein enthält auch die Kakaobohne, aber ihr Hauptbestandteil ist Theobromin, dessen Wirkungen in unserem Zusammenhang weniger interessieren.

Koffein ist wie Morphin oder Kokain sowohl Arzneimittel wie Genußmittel, es wird also normalerweise als Reinsubstanz durch die Apotheken vertrieben. Fabrikanten, Apotheker und Ärzte wissen darum, daß dieses Koffein auch außerhalb der Krankenzimmer als Genußmittel geschätzt wird, weil eine Tablette davon genügt, die Arbeitsfreudigkeit zu erhöhen, unzeitigen Schlaf zu verscheuchen und allgemein die Stimmung zu heben. Natürlich sind es vornehmlich Apotheker, Ärzte und ihr Anhang, die von dieser Kenntnis und Gelegenheit Gebrauch machen.

Der Allgemeinheit ist gewöhnlich nur die Wirkung von Kaffee und Tee vertraut, deren ursprünglicher Gebrauch aus Abessinien oder Südarabien und China stammt. Wie hoch diese Genußmittel bewertet werden, erweist nicht nur ihre Rolle im Welthandel, sondern in unseren Tagen auch die Preise, die dafür auf dem Schwarzen Markt gefordert und gezahlt werden. Freilich wäre es falsch, diese Bewertung nur auf das Koffein zu beziehen, denn der Geschmack ist für viele Personen sehr wesentlich, so daß auch individuell zwischen Kaffee und Tee beträchtliche Unterschiede der Einschätzung bestehen. Sehr deutlich demonstriert ja auch der gewaltige geschäftliche Erfolg, den der koffeinfreie Kaffee „Hag“ erzielt hat, wie vielen Personen sogar das Ausbleiben der Koffeinwirkung willkommen war und alles auf das Erlebnis der Zunge ankam. Jedermann weiß, daß der Geschmack des Kaffees erst künstlich durch Rösten erzeugt wird und daß ärmere Menschen, wie wir es jetzt alle sind, sich an seiner Statt auch an anderen gerösteten Materialien delektiert haben und delektieren, seien es Eicheln oder Zichorie oder Gerste oder undefinierbare Ausgangsstoffe, nach denen man besser nicht fragt. Nicht viel anders steht es ja beim Tee: mag auch das zarte knospende Blatt des Teestrauches ein feines Aroma haben, so wird doch durch den Vorgang des Trocknens und Fermentierens, zuweilen auch noch durch Beduften mit wohlriechenden Blüten der Geschmack künstlich beeinflußt. Von einem japanischen Fachkollegen Haruo Hayashi erhielt ich einmal einen Tee vorgesetzt, dessen blumenreichen Wohlgeschmack ich nur mit einem edlen Rheinwein vergleichen konnte. Jedoch gibt es auch beim Tee Versuche, den Gaumen zu täuschen, wenn man Mischungen aus billigen einheimischen Kräutern mit der Bezeichnung „deutscher Haustee" belegt.

Vergessen wir schließlich nicht, daß der Originalgeschmack von Kaffee oder Tee oft durch Zusätze abgewandelt wird: Zucker oder Sacharin, Milch oder Sahne, Kirschwasser oder Rum; all dies zeigt uns erneut, wie der durch Zunge und Nase vermittelte Genuß seine eigenen Wege, ganz unabhängig von der unmittelbaren Einwirkung auf die Stimmung durch das Koffein geht.

Äußerst wichtig aber ist es für die Beurteilung der koffeinhaltigen Genußmittel, daß man bei ihnen keine eigentliche chronische Vergiftung und daher auch keine Sucht im echten Sinne findet. Wohl kommt es gelegentlich vor, daß sich der eine oder andere durch übermäßigen Genuß wochen- und monatelang des Schlafes beraubt oder in einem andauernden Erregungszustand hält, was eines Tages natürlich zu Störungen der Leistungsfähigkeit und des Befindens führt. Aber diese Störungen sind keine unmittelbaren Wirkungen des Koffeins im gleichen Sinne, wie das z. B. beim Pervitin der Fall ist; sie sind auch viel leichter und rascher – etwa durch Ausschlafen – zu beseitigen. Und die Zahl solcher Störungen im Verhältnis zu der Zahl der Verbraucher ist ganz außerordentlich gering, zumal wenn man dies Verhältnis bei anderen sogenannten Rauschgiften damit vergleicht.

Seit Jahrhunderten ist es keiner Gesundheitsbehörde irgendwo auf der Welt in den Sinn gekommen, koffeinhaltige Genußmittel als bedenklich anzusehen und Beschränkungen zu unterwerfen. Es gibt eben keine andauernden körperlich-seelischen Veränderungen, die durch die wiederholte Aufnahme des Koffeins zustande kämen. Wird einmal jemand im oberflächlichen

Sprachgebrauch von Laien oder Ärzten als „kaffeesüchtig" bezeichnet, so hat dies mit der Wirkung des Koffeins nichts zu tun; vielmehr könnte die gleiche Kennzeichnung auf Personen zutreffen, die den lebhaften Wunsch haben, koffeinfreien Kaffee oder Schokolade oder selbst Butter zu genießen.

Aus der Gegenüberstellung der subjektiv erkennbaren akuten Wirkungen des Pervitins und Koffeins einerseits, ihrer grundverschiedenen chronischen Wirkung andererseits ergibt sich der Schluß, daß für das Zustandekommen einer Sucht nicht die bewußt wahrgenommene Wirkung ausschlaggebend sein kann, sondern daß ein besonderer Faktor dazu kommen muß. Was dies für ein Faktor ist, läßt sich allerdings nach meiner Ansicht heute noch nicht definieren.

VIII

Auf meiner Speisekarte der Genüsse durch chemische Mittel stand am Anfang der Alkohol; nachdem wir inzwischen schon zum Kaffee gelangt waren, ist es nun hohe Zeit, endlich noch des Tabaks zu gedenken. Denn in unserer Neigung, Genüsse zu kombinieren, pflegten wir ja in besseren Zeiten diese Dreiheit aneinander zu ketten. Wenn im 17. Jahrhundert die Wirkung des Tabaks als „trockene Trunkenheit" bezeichnet wurde, so trifft dieser anmutig-poetische Ausdruck das Wesen der Sache nur von ungefähr. Das wirksame Prinzip des Tabaks, bekanntlich das flüchtige Alkaloid Nikotin, besitzt nebeneinander mehrere Wirkungen, die beim Tabakgenuß mitsprechen: Bei der Berührung mit der Oberfläche reizt es die Sinnesnerven; der „beizende Toback" des Schülers im Faust ist also auch Ausdruck der Nikotinwirkung. Sie ist die Ursache des Niesens nach der „Prise", des Spuckens beim „Priemen", während sich beim Rauchen dem Nikotin noch reizende Verbrennungsprodukte zugesellen. Eine zweite Nikotinwirkung greift in den wichtigen Gebieten des Nervensystems an, die der Beherrschung weitverzweigter unbewußter Funktionen dienen, wie Kreislauf, Verdauung u. dgl. Darauf beruht vermutlich das Rauchbedürfnis nach Mahlzeiten; auch die dem Raucher bekannte Förderung des Stuhlganges gehört hierher. Endlich sind die Symptome der akuten Nikotinvergiftung wenigstens zum Teil Störungen in diesem Bereiche. Für unser Thema am wichtigsten ist aber wiederum eine leichte Belebung der Geistestätigkeit, die sich mit physiologischen Methoden erfassen läßt, und wohl im Zusammenhang damit eine aufgelockerte Stimmung. Freilich bietet uns gerade der Tabak – ähnlich wie der Betel – ein Musterbeispiel für die Vielfalt und Verschlungenheit der unmittelbaren Wirkungen, die dabei im Spiele sind. Wir kennen den Kauer, den Schnupfer, den Raucher des Tabaks, also drei verschiedene Anwendungsformen, die je nach der Mode der Zeit sich abgelöst haben oder nach den beruflichen Umständen nebeneinanderbestehen. Daß der Seemann bei Windstärke 10 und unter den Spritzern des Salzwassers mit Schnupftabak und Zigaretten nicht zurechtkommt und daß er daher den Kautabak vorzieht, wird jeder begreifen. Ein befreundeter Arzt berichtete mir, daß er sich auf seinen Patientenfahrten weit über Land das Tabakkauen angewöhnt hätte, weil ihm im Auto das Hantieren mit Feuerzeug und Asche zu umständlich, der Tabak aber zur Überwindung der Müdigkeit im aufreibenden Tageslauf unentbehrlich gewesen sei. In einem solchen Falle tritt uns der unmittelbare Nikotineffekt im zentralen Nervensystem wohl am reinsten entgegen. Dem verbreiteten Schnupfen des Tabaks im 18. Jahrhundert hat vielleicht ein alter medizinischer Aberglauben Vorschub geleistet, nach dem das Sekret der Nase aus dem Gehirn abflösse, das Niesen also das Gehirn reinige; noch heute rufen wir ja einem Niesenden „prosit" zu. Auch jetzt noch ist – was in Norddeutschland wenig bekannt ist – die Herstellung von Schnupftabak für mehrere Fabriken, besonders in Regensburg, durchaus lukrativ. Die Rolle der Schnupftabaksdose bei den Potentaten und Stutzern der älteren Zeit gibt wieder Zeugnis von der Verknüpfung verschiedener Arten des Genusses, mindestens der Freude. In meiner Studentenzeit waren noch der bemalte Pfeifenkopf und der Pfeifenstopfer Objekte der kunstgewerblichen Phantasie, wie heute die Zigarettenspitze oder die Zigarettendose.

Schon manche Schriftsteller haben sich mit dem volkspsychologischen Problem beschäftigt, warum die Art des Tabakrauchens so vielfältig ist, wenn man etwa der Wasserpfeife des Türken gedenkt, und warum sie typische Wandlungen in der Zeit erfahren hat, im großen Zug von der Pfeife über die Zigarre zur Zigarette, vom reifen Manne zum Halbwüchsigen und zur Frau. Hier handelt es sich allem Anschein nach weniger um die eigentliche Wirkung des Nikotins als um akzessorische Momente. Bei uns hat Dr. Dietrich Gaede, den leider kurz vor Kriegsende ein tödliches Geschoß erreichte, durch Analysen und Versuche ermittelt, daß beim Kauen, Schnupfen und Rauchen des Tabaks in den üblichen Grenzen immer etwa die gleiche Menge Nikotin aufgenommen wird und zur Wirkung kommt, nämlich rund 1 mg in 10 Minuten[1]. Bei den verschiedenen Formen läßt sich ein gesetzmäßiger Unterschied insofern nachweisen, als unter sonst gleichen Bedingungen die Zigarette ihren Nikotingehalt rascher und gleichmäßiger abgibt als die Zigarre[2]. Dennoch sind noch einschneidender individuelle Gewohnheiten beim Rauchprozeß selbst, und daher erscheint es mir im ganzen als wenig wahrscheinlich, daß allein die Nikotinaufnahme für die Rauchmoden bestimmend sei. Wie gesagt, darf man die akzessorischen Momente nicht übersehen: Eines der wichtigsten ist natürlich der Duft des Tabakrauches. Dennoch stimmen viele Raucher darin überein, daß das Rauchen im Dunkeln weniger genußvoll ist als im Hellen und daß man mindestens das Aufglühen beim Einziehen des Rauches wahrzunehmen wünscht. Sehr lehrreich

---

[1] Vgl. Dietrich Gaede, Naunyn-Schmiedebergs Arch. f. exper. Path. u. Pharmakol. *197*, 72 (1940); *203*, 130 (1944).

[2] Adolf Wenusch, Der Tabakrauch, Bremen 1939. – Chemie des Tabakblattes, Bremen 1941. – Med. Klinik 1942, Nr. 42; Forschungen und Fortschritte 1942, 77.

sind die Äußerungen Bismarcks gegen Jules Favre während ihrer Verhandlungen vor Paris im Jahre 1871, wie sie uns der französische Ohrenzeuge Graf d'Hérisson berichtet[1]: „Wenn man eine Unterhaltung beginnt, die gelegentlich zu einem Wortwechsel und heftiger Sprache führen kann, ist es besser, während des Gespräches zu rauchen. Sehen Sie, wenn man raucht, so hemmt diese Zigarre, die man hält, zwischen den Fingern bewegt und nicht fallen lassen möchte, ein wenig andere Bewegungen. Stimmungsmäßig betäubt sie uns ganz leicht, ohne uns im geringsten unserer geistigen Fähigkeiten zu berauben. Die Zigarre ist eine Ablenkung, dieser blaue Rauch, der in Kringeln emporsteigt und den man unwillkürlich mit den Augen verfolgt, bezaubert uns und stimmt uns versöhnlicher. Man ist glücklich, der Blick ist beschäftigt, die Hand gefesselt, der Geruchssinn befriedigt. Man ist geneigt, sich gegenseitig Zugeständnisse zu machen. Und unser, der Diplomaten, Geschäft besteht in unaufhörlichen gegenseitigen Zugeständnissen. Sie als Nichtraucher haben mir gegenüber einen Vorteil: Sie sind wachsamer, und einen Nachteil: Sie sind eher bereit, sich aufzuregen und dem ersten Impuls zu folgen."

Aus diesen Äußerungen versteht man recht gut, daß auch Indianerstämme die Friedenspfeife kannten.

Man versteht ferner, daß die akzessorischen Momente Wirkungen bedingen können, die der eigentlichen Nikotinwirkung nicht zukommen, wie Ablenkung und Beruhigung. In der Tat gibt es geistige Arbeiter, die dem Rauchen eine erhöhte Konzentrationsfähigkeit zuschreiben, während andere Personen gern etwas rauchen, wenn sie sich nach einer Aufregung, etwa nach einem Luftangriff oder einer hitzigen Debatte, zu beruhigen wünschen.

Ein Argument für das Zurücktreten der Nikotinwirkung gegenüber akzessorischen Momenten scheint es mir ferner zu sein, daß zum Unterschied von Koffein oder anderen wirksamen Prinzipien das reine Nikotin niemals als Anregungs-, ja nicht

[1] Journal d'un officier d'ordonnance 1885.

einmal als Arzneimittel Verwendung fand. Mag es auch als gefährliches Gift für einen allgemeinen Gebrauch nicht geeignet sein, sollte es doch in der Hand von Sachverständigen grundsätzlich nützlich sein können. In einstigen Versuchen meines Schülers Richard Wahl[1] ließen sich an verschiedenen gesunden Personen subjektiv nur unangenehme Erscheinungen bemerken.

Die akzessorischen Momente beim Tabakrauchen bieten auch die Brücke zu einem Verständnis des Tabakersatzes.

Als einem meiner früheren Kollegen in Heidelberg aus gesundheitlichen Gründen das bis dahin eifrig betriebene Zigarettenrauchen verboten wurde, hing ihm seitdem fast stets ein Stäbchen aus Elfenbein zwischen den Lippen; es machte ihm die Entbehrung viel leichter. Und nach den beiden Kriegen unserer Generation erlebten und erleben wir es, daß die verschiedensten Kräuter in die Pfeifen gestopft werden, um einen oft wenig einladenden Qualm zu erzeugen, weil eben schon das Qualmen an sich eine gewisse Befriedigung gewährt. Groteskerweise habe ich in der letzten Zeit mehrfach Anfragen erhalten, ob die Blätter dieses oder jenes weitverbreiteten Gewächses gesundheitsschädlich seien, wenn sie für die Herstellung von Tabakersatz verwendet würden. Ich konnte stets nur erwidern, daß zu den gesundheitsschädlichsten unter den mir bekannten Pflanzen der nikotinhaltige Tabak gehöre.

Allerdings ist mir auch ein Fall bekannt geworden, in dem Bestandteile eines atropinhaltigen Gewächses geraucht worden waren und zur Aufnahme ins Krankenhaus wegen Atropinvergiftung geführt hatten.

Daß der schrankenlose Tabakgenuß manchen Schaden, vor allem an den Blutgefäßen, zu setzen vermag, ist ja erweisbar und in der medizinischen Wissenschaft anerkannt. Daran wird nichts dadurch geändert, daß es in vielen Familien den berühmten Großvater gibt, der bis zum 90. Jahre sein Pfeifchen geraucht hat; denn die individuelle Empfindlichkeit für Giftwirkungen, ganz besonders für chronische, weist eben gewaltige Streuungen

[1] Zeitschrift für die gesamte experimentelle Medizin *10*, 352 (1919).

auf. Die Dosen, die verschiedene Menschen vertragen, variieren in viel weiterem Umfang als etwa das Körpergewicht.

Es ist nun im Vergleich zu anderen Genußgiften recht interessant, daß die chronischen Wirkungen des Nikotins den geistigen Habitus des Menschen nicht berühren, höchstens indirekt über die Hirngefäße Störungen in diesem Bereich herbeiführen. Seine Gefahren beschränken sich also grundsätzlich auf das Somatische.

Im Psychologischen finden sich gewiß Analogien zu dem, was man Sucht nennt, aber das reine Verlangen nach Tabak hat wohl noch nie in ein psychiatrisches Sprechzimmer geführt. Ein Sucht- oder Betäubungsmittel im Sinne der Gesetzgebung ist das Nikotin nicht, und wenn in früheren Jahrhunderten Verbote gegen seinen Gebrauch erlassen wurden, so waren dafür seine heidnische Herkunft, der ungewohnte Gestank, die Feuersgefahr u. dgl., aber nur selten medizinische Bedenken maßgebend. Seit Richelieu wurde die Besteuerung des Tabaks mehr und mehr eine beliebte Einnahmequelle der Staaten. Heute ist er bei uns ein wichtiges Zahlungsmittel, ja fast Ersatz der Währung geworden.

Es ist erstaunlich, welche Bedeutung das Kraut des amerikanischen Kontinentes, Nicotiana Tabacum, für das Privatleben und für die Weltwirtschaft in den wenigen Jahrhunderten erlangt hat, seit jener Kontinent entdeckt wurde. Aber man muß sich bewußt bleiben, daß auch die Gaben des Orients, Kaffee und Tee, im Abendlande erst etwa zur gleichen Zeit bekannt wurden, wie das Geschenk der Neuen Welt. Ist es nicht seltsam, daß viele Europäer das Nikotin und das Koffein selbst in Notzeiten als unentbehrlich betrachten, obwohl vor zehn bis zwölf Generationen ihre Ahnen überhaupt noch nichts davon ahnten?

IX

Für die Wissenschaft bedeutet die verbreiterte Verwendung von Genußmitteln verbesserte Gelegenheit, sich über ihr eigentliches Wesen und ihre Einordnung in das psychologisch-soziale Gefüge der Menschheit klarzuwerden. Betrachten wir zusammenfassend die heute behandelten Genußmittel, so müssen wir eine vielfache Verflechtung mehrerer für ihren Gebrauch maßgebender Momente feststellen, die sich bei jedem einzelnen von ihnen in verschiedener Weise abstufen. Diese Abstufung im Hervor- oder Zurücktreten der einzelnen Momente gibt jedem einzelnen Genußmittel seinen bestimmten Charakter in den Augen des Genießers selbst, des Wirtschaftlers, des Arztes und des Gesetzgebers. Wenn ich versuche, diese einzelnen Momente namhaft zu machen, so drängen sich mir die Worte Bedürfnis, Genuß, Rausch, Betäubung, Gewohnheit und Sitte, Sucht, Gewöhnung und Vergiftung auf. Natürlich könnte man mit gleichem Recht ihre Reihenfolge ganz anders wählen, denn ihre gegenseitige Bedingtheit ist vielfältig.

Das Bedürfnis nach Genußmitteln im täglichen Leben des gesunden Menschen habe ich aus einer Analyse unserer seelischen Einstellung zu den gebotenen Möglichkeiten des Genusses abzuleiten gesucht. So ist es denn zunächst die einfache Lüsternheit, wie nach einer Leckerei, etwa Schokolade oder Spickaal, die das Bedürfnis nach Kaffee, Tee, Wein oder Likör erweckt. Von ihrem Wohlgeschmack wird ja auch in der Wirtschaft der Preis dieser Genußmittel beherrscht. Für den Tabak ist es der Duft seines Rauches. Sicherlich spricht bei der Bewertung der uns weniger vertrauten Genußmittel ihre Annehmlichkeit für die Sinnesorgane ebenfalls mit. Aber ein zweiter wichtiger Faktor ist die Gewohnheit, mögen wir sie nun vernünftig oder töricht finden, und zwar nicht einmal nur die persönliche Angewohnheit, sondern auch die Mode und die Sitte, also die Gewohnheit der anderen Personen des Lebenskreises.

Am schärfsten ist dies wohl beim Betelkauen ausgeprägt, aber der Bierkomment früherer Studentengenerationen oder der Zigarettenkonsum unserer heutigen Damenwelt lassen den gleichen Zug erkennen. Über die Bedeutung des Gewohnten hat Wenusch[1] recht feinsinnig ausgeführt, daß es für jeden in die Harmonie seiner Lebensgestaltung eingeht, daß daher sein Ausbleiben als Disharmonie, als Unbehaglichkeit empfunden wird. Dies Gewohnte, nur mit Unbehagen Vermißte mag ein Bad am Morgen, ein Sport, ein Skatabend sein, ebenso aber auch ein Pfeifchen nach Tisch, ein Gläschen Schnaps vorm Schlafengehen usw. Fast unmerklich schleicht sich also neben dem Bedürfnis nach dem Gewohnten das Bedürfnis nach dem pharmakologischen Effekt ein. Wir können uns leicht vorstellen, wie dem Chinesen das Opium, dem Malaien der Betel, dem Ägypter der Haschisch, dem Mexikaner das Peyotl, dem Peruaner das Kokablatt zur Befriedigung psychologisch gleichartiger Bedürfnisse dient.

Die gewonnene Einsicht führt weiter zum Verständnis der Rauschmittelsuchten: Die ihnen leicht verfallenden Menschentypen sind gewöhnlich solche, deren seelisches Gleichgewicht labil ist, denen also von vornherein die innere Harmonie fehlt, schon ehe sie etwas vermissen, was ihnen vorher zuteil ward. Sie können durch die pharmakologische Wirkung von Genußmitteln in einen Zustand größerer Harmonie mit sich selbst und der Umwelt versetzt werden und streben nach solchem Erlebnis natürlich seine Wiederholung an; es ist verständlich, daß solche Menschen leicht zur Erhöhung der Dosen neigen und auch nach Enttäuschungen immer wieder hoffen. Daher finden wir im weiten Bereich der Genußmittel Individuen, die sich an eines oder mehrere binden und ketten, an Alkohol, Opium, Haschisch, Peyotl, Koka, Tabak und selbst an koffeinhaltige Getränke. Reiner noch tritt dieser Charakter beim Morphin, Schlafmitteln, Kokain, Benzedrin und allem, was dazugehört, hervor. An-

[1] Warum raucht der Mensch? (I. Preisfrage des Luigi-Bernardini-Gedächtnispreisausschreibens), Austria-Tabakwerke, Wien 1942.

haltende körperliche, doch auch seelische Leiden beeinträchtigen natürlich ebenfalls die Harmonie des Lebensgefühles und schaffen daher selbst bei solid veranlagten Naturen die Disposition zur Sucht. Hier liegt eine große Verantwortung für den Arzt, der bei Verwendung derartiger Mittel in der Krankenbehandlung die oft kaum definierbare Grenze zwischen Arzneitherapie und Umnebelung zu beachten hat.

Denn zur Gewohnheit, wenn sie pharmakologische Wirkung ist, gesellt sich gar zu leicht die Gewöhnung. Dieses Wort enthält einen neuen Begriff, nämlich eine Änderung unserer physiologischen Funktionen durch den dauernden Gebrauch eines chemischen Mittels, eine Änderung, die im Organismus bestehen bleibt, auch ohne daß dies Mittel selbst gegenwärtig ist. Ich nenne eine solche Änderung gern „Allobiose". Das erste Anzeichen einer solchen Änderung kann das Nachlassen der anfänglichen Wirkung des gewohnten Mittels sein, also eine Abwandlung, die man grundsätzlich der Übung an die Seite stellen könnte. Aber die quantitativen Differenzen auf diesem Gebiete sind nicht nur nach Individuen, sondern auch nach Mitteln recht groß. Aus systematischen Versuchen ist mir z. B. bekannt, daß bei kurzfristig wiederholtem Gebrauch des bekannten Schlafmittels Noctal die Abschwächung des Effektes viel größer ist als bei dem vielleicht noch bekannteren Phanodorm; sie ist so groß, daß sie geradezu eine „Angewöhnung" in unerwünschtem Sinne verhindert, während Phanodorm typische Beispiele dafür liefert. Sehr gering scheint die Abschwächung des Effektes beim Betel und beim Nikotin zu sein, stärker schon bei Alkohol und Koffein, recht beträchtlich bei Morphin und Pervitin. Daß diese Abschwächung ein Grund zur Steigerung der Dosen wird, ist ohne weiteres einleuchtend. Dies kann nun wiederum eine wichtige Gefahrenquelle werden. Denn die Abschwächung des Effektes ist nur ein Symptom, an dem die Allobiose der Organfunktionen erkennbar wird, braucht aber keineswegs das einzige zu sein. Störungen im Blutkreislauf, im Stoffwechsel, im Nervensystem und schließlich im Seelenleben können Folgen des Gebrauches von Genußgiften sein und gehören natürlich dann schon im prägnantesten Sinne zu den chronischen Vergiftungen. Ausnehmend verhängnisvoll ist es, wenn solche Störungen durch neue Gaben des erzeugenden Giftes akut beseitigt werden, und zwar besser als durch jede sonstige Behandlung, wie es vor allem gewisse Stadien des Morphinismus in schlagender Weise zeigen; die Verkettung der krankhaften Disharmonie mit dem Suchtmittel wird ja dann notwendigerweise äußerst fest.

Mehrere Genußgifte sind imstande, Geistesstörungen herbeizuführen, wenn sie längere Zeit reichlich genossen werden, so Alkohol, Haschisch, Kokain, Pervitin u. a. Demgegenüber ist es bemerkenswert, daß dies für das Nikotin nicht gilt. Betel und koffeinhaltige Getränke sind überhaupt praktisch ungiftig. Grundsätzlich besteht also keinerlei Zusammenhang zwischen der unmittelbaren, akuten Wirkungsweise und den Gefahren des Dauergebrauches der einzelnen Mittel.

X

Vielleicht verlohnt es aber noch, die unmittelbaren akuten Wirkungen der Genußmittel im großen Zusammenhang zu besprechen. Denn nach der vollständigen pharmakologischen Analyse gehören ihre wirksamen Substanzen ganz verschiedenen Gruppen an. Nur ein kleiner Anteil ihrer Gesamtwirkung nähert sie einander an und macht sie alle begehrenswert für gesunde Menschen, eben ihr Einfluß auf die Stimmung. Was wir so nennen, enthält einen Wertfaktor, also etwas Irrationales, jedenfalls nicht Meßbares. Dennoch kann man aus dem, was an pharmakologischen Wirkungen meßbar ist, gewisse Vorstellungen ableiten, wie der Effekt auf die Stimmung zustande kommt. Manche Genußgifte, wie Alkohol oder Haschisch, liefern uns die Bilder des Rausches und der Betäubung, also je nach Dosis oder Individuum eine Form abnormer Erregung oder eine

Form abnormer Unempfindlichkeit des Nervensystems. Sie sind Ausdruck der beiden schematisch möglichen und den Physiologen wohlvertrauten Verschiebungen des Erregungszustandes einfacher nervöser Gebilde nach oben und unten.

In dem vielfältigen Getriebe unseres Nervensystems, das zu unserer subjektiv empfundenen Stimmung zusammenfließt, beeinflussen sich gewisse Erregungen mannigfachster Art und Herkunft gegenseitig. Und offenbar kann sowohl ein Mehr wie ein Weniger an Erregungen uns angenehm sein. Wir fühlen uns beschwingt und beglückt, wenn unsere Gedanken leicht und rasch ablaufen, wenn wir Einfälle haben und unsere Phantasie gefällig spielt. Daß die Gedankentätigkeit wirklich schneller verläuft, haben messende psychologische Methoden z. B. für Koffein und Pervitin erwiesen. Sie haben aber auch gezeigt, daß die Gedanken trotz größerer Geschwindigkeit auch präzis und geordnet ablaufen, zuverlässiger sogar als sonst. Demgegenüber konnte trotz vielfacher Bemühungen Derartiges niemals für den Alkohol festgestellt werden, vielmehr gehen seine ersten erkennbaren Wirkungen stets im Sinne einer geringeren Präzision des Gedankenablaufes. Dies schließt natürlich nicht aus, daß er die Phantasie beflügeln, überhaupt erregende Wirkungen haben kann, aber in bestimmten Bereichen der Nerventätigkeit ist sein Effekt dem des Koffeins oder Pervitins entgegengesetzt; in diesen Bereichen kann man daher auch ihre Wirkung gegenseitig aufheben. Da der Alkohol in bestimmten Dosen an gewissen nervösen Gebilden sicher erregend, also im Sinne eines rascheren Ablaufs wirkt, kommen wir notwendigerweise zu der Vorstellung, daß sich Erregungen in Teilgebieten mit Betäubungen in anderen Teilgebieten kombinieren können. Sehr klar läßt sich eine solche Kombination beim Kokain aufweisen: es bewirkt auf der einen Seite eine Abschwächung unangenehmer Sensationen, z. B. des Hungergefühles, wie auch durch Registrierung charakteristischer Hungerbewegungen des Magens objektiv nachzuweisen ist, zweitens aber Erregungszustände der Hirnrinde, die bis zur Auslösung von allgemeinen Muskelkrämpfen gehen können.

Was hier mit Sicherheit nachweisbar ist, darf für andere Fälle von Genußgiften hypothetisch vermutet werden: daß nämlich die Betäubung unerwünschter Nervenerregungen mit gleichzeitiger Steigerung erwünschter Erregungen zusammentreffen kann. So ist es für den „euphorischen" Morphineffekt recht wahrscheinlich, daß diejenige Wirkungskomponente, die wir „schmerzstillend" nennen, die aber auch andere unangenehme Sensationen, wie den Hustenreiz, trifft, wesentlichen Anteil daran hat.

Als ich vor wenigen Tagen ein Konzert besuchte, doch wegen Zahnschmerzen vor Beginn der Musik Pyramidon nahm, empfand ich dies als ein demonstratives Beispiel für diese Komponente der Genußmittelwirkung. Denn die Betäubung störender Empfindungen ist ja für das Wohlbefinden, die innere Harmonie, noch unentbehrlicher als die Belebung des Ablaufs der normalen Bewußtseinsvorgänge. Man erkennt Beziehungen zu dem Wohlbefinden, das die Beseitigung des Hungers, des Durstes und geschlechtlicher Spannung mit sich bringt.

Mit diesen Überlegungen gelangen wir zu einem Verständnis dafür, daß in der ganzen Reihe der Genußmittel grundsätzlich erregende und beruhigende Wirkungen vorkommen und sich nach ihrem allgemeinen Genußwert ziemlich einheitlicher Schätzung erfreuen.

XI

Von sehr vielen Genußmitteln läßt sich sagen, daß sie bei gleicher Dosierung ein Individuum beleben, ein anderes einschläfern, ja selbst am gleichen Individuum unter verschiedenen Umständen geradezu entgegengesetzt wirken. Wie man nach Morphin aufgemuntert, so kann man nach Kaffee schläfrig sein. Wohl jeder weiß, daß dieselbe Dosis Alkohol am Morgen und Abend, im Sommer oder Winter etwas Verschiedenes sein kann.

Wenn wir von „Wirkungen" sprechen, ist ja stets ein lebendiger Organismus beteiligt, und es ist grundsätzlich fehlerhaft, einen solchen als ein immer gleiches Gebilde mit immer gleichen Reaktionen einzusetzen. Ganz besonders gilt dies, wenn wir von den ersten leichtesten Anfängen pharmakologischer Wirkungen sprechen, um die es sich bei dem gewöhnlichen, vernünftigen Gebrauch der Genußmittel handelt. Das Zentralnervensystem ist ein Gebilde, das sich und damit den übrigen Organismus unter mancherlei widerstreitenden Ansprüchen in einer labilen Gleichgewichtslage hält. Insonderheit von jenem Anteile des Nervensystems, das den unbewußten und halb bewußten Funktionen dient und das dennoch nach unserem Wissen an unserer Stimmungslage maßgebend beteiligt ist, kennen wir recht gut eine Aufteilung in zwei Apparate, die in einer polaren Spannung zueinander stehen. Viele Gebilde des Körpers erhalten von jeder der beiden Seiten Impulse, die einander ablösen, beeinflussen und kontrollieren. Dieser Doppelinnervation entspricht eine doppelsinnige Empfindlichkeit gegen bestimmte Stoffe, deren Wirkung wir als cholinergische und adrenergische unterscheiden. Wenn diese nun auch im allgemeinen gegensinnig gerichtet sind, so ist doch klar erwiesen, daß unter gewissen Umständen, die auch künstlich erzeugt werden können, die Hauptrepräsentanten der beiden Stoffgruppen, nämlich Azetylcholin und Adrenalin, gleichsinnig wirken können, und zwar nach jeder der beiden Seiten, ihre Effekte also addieren, statt wie sonst kompensieren. Was uns hier in der peripheren Auswirkung dieser beiden nervösen Apparate begegnet, dürfen wir in ähnlicher Weise wohl auch für ihre beherrschenden Zentren annehmen: sie behalten ihre Zweiheit, die aber doch durch eine gegenseitige Steuerung zur funktionellen Einheit wird – wie wir sie uns etwa in den beiden Königen von Sparta oder den beiden Konsuln in Rom vorzustellen haben.

Der vollen Harmonie entspricht ihr ausgeglichener, gleichmäßiger Einfluß, und doch ist schon im normalen physiologischen Geschehen ein Rhythmus vorhanden, der in der Zeit einmal dem einen, dann dem anderen das Übergewicht gibt. Bei Tag und Nacht, Anstrengung und Ermüdung, Essen und Verdauen lösen sie sich ab. Und ein Widerspiel davon finden wir in unserer Stimmungslage: Lust und Leid, Schmerz und Wonne, manisch und depressiv sind Gegensätze, die doch auf geheimnisvolle Weise zusammengehören wie Dur und Moll oder Adagio und Scherzo. Wir kennen das „heulende Elend" des vorher so fröhlichen Zechers so gut wie die Tränen des Glücks und der Entzückung! Solche und ähnliche Erfahrungen scheinen darauf zu deuten, daß zwischen Gegensätzen der Stimmung die Schwingungen zunehmen, wenn erst einmal nach der einen Seite ein größerer Ausschlag erfolgte, daß also ein aufgewühltes Gemüt empfänglicher ist für jede Tönung der Empfindung als ein unberührtes.

Es mag mit dichterischem Überschwang gesagt sein, aber im Grunde ist es uns wirklich beschieden, wie wohl allem, was da kreucht und fleucht:

„Zu taumeln von Begierde zu Genuß
Und im Genuß zu schmachten nach Begierde."

DIE ÖFFENTLICHEN VORTRÄGE DER DEUTSCHEN AKADEMIE DER WISSENSCHAFTEN ZU BERLIN 1947/1948

Donnerstag, den 13. Februar 1947
Professor Dr. Hans Stille: „Das Leitmotiv der Erdentwicklung“

Donnerstag, den 13. März 1947
Professor Dr. Wolfgang Schadewaldt: „Faust und Helena“

Mittwoch, den 14. Mai 1947
Professor Dr. Hans Kienle: „Atome, Sterne, Weltsysteme“

Donnerstag, den 12. Juni 1947
Professor Dr. Wolfgang Otto Heubner:
„Genuß und Betäubung durch chemische Mittel“

Donnerstag, den 10. Juli 1947
Professor Dr. Heinrich Mitteis: „Über das Naturrecht“

Mittwoch, den 26. November 1947
Professor Dr. Eilhardt Mitscherlich: „Pflanzenphysiologische Bodenkunde“

Donnerstag, den 11. Dezember 1947
Professor Dr. Karl Friedrich Bonhoeffer:
„Physikalisch-chemische Modelle von Lebensvorgängen“

Mittwoch, den 21. Januar 1948
Professor Dr. Ferdinand Sauerbruch: „Über die Anpassung“

Donnerstag, den 12. Februar 1948
Professor Dr. Fritz Hartung:
„Die europäische Bedeutung der Revolution von 1848“

Weitere Vorträge werden rechtzeitig bekanntgegeben

Die Vorträge finden vorläufig im großen Sitzungssaal des Hauses der Zentralverwaltungen, Haupteingang Leipziger Straße Ecke Wilhelmstraße, statt. Beginn pünktlich 17 Uhr. Eintrittskarten sind bei dem Pförtner im Hauptgebäude der Akademie, Berlin NW 7, Unter den Linden 8, erhältlich. Der Preis für den einzelnen Vortrag beträgt RM 3,—, für die Vortragsreihe RM 10,—. Karten für Stehplätze werden zum Preise von RM 0,50 ausgegeben.

Die öffentlichen Vorträge der Deutschen Akademie der Wissenschaften zu Berlin werden in der Schriftenreihe „Vorträge und Schriften“ veröffentlicht.

DIE „VORTRÄGE UND SCHRIFTEN“ WENDEN SICH AN DIE WEITEN KREISE DERER, DIE AN WISSENSCHAFTLICHER FORSCHUNGSARBEIT ANTEIL NEHMEN

Bereits erschienen ist:

Die Maßstäbe des Kosmos

Rede bei der Eröffnung der Deutschen Akademie der Wissenschaften zu Berlin am 1. August 1946, gehalten von Prof. Dr. H. Kienle

24 Seiten. Preis: RM 1.50

In Vorbereitung sind weiter folgende Hefte:

Über das Naturrecht

Öffentlicher Vortrag, gehalten am 10. Juli 1947 an der Deutschen Akademie der Wissenschaften zu Berlin von Prof. Dr. H. Mitteis

Ranke und Burckhardt

Öffentlicher Vortrag, gehalten am 22. Mai 1947 an der Deutschen Akademie der Wissenschaften zu Berlin von Prof. Dr. Friedrich Meinecke

Leitmotiv der Erdentwicklung

Öffentlicher Vortrag, gehalten am 13. Februar 1947 an der Deutschen Akademie der Wissenschaften zu Berlin von Prof. Dr. H. Stille

Atome, Sterne, Weltsysteme

Öffentlicher Vortrag, gehalten am 14. Mai 1947 an der Deutschen Akademie der Wissenschaften zu Berlin von Prof. Dr. H. Kienle

DIE HEFTE ERSCHEINEN IN ZWANGLOSER FOLGE

MIX
Papier | Fördert gute Waldnutzung
FSC® C083411

Zeitfracht Medien GmbH
Ferdinand-Jühlke-Straße 7
99095 Erfurt, Deutschland
produktsicherheit@kolibri360.de